AF316401

LE
CHÊNE GÉANT
ANTÉDILUVIEN

ET LE

BATEAU-PALAIS
"Le Dryophore"

Prix : 25 Centimes

MARSEILLE

TYPOGRAPHIE ET LITHOGRAPHIE BARTHELET ET Cⁱᵉ
19, Rue Venture, 19

—

1896

LE CHÊNE GÉANT ANTÉDILUVIEN

Lorsque le touriste, descendant le Rhône, quitte le panorama que présente à sa vue la *Dent du Chat*, il se trouve en face d'un magnifique spectacle : à droite les montagnes de Parves, avec le fort des Bancs ; à gauche, des montagnes encore sur lesquelles est perché, comme un nid d'aigle, le fort de Pierre-Châtel (Ain) ; au milieu, au fond de l'abîme, le ruban bleuâtre que forme le Rhône dans sa course rapide.

La vallée du Rhône, très large en amont du village de Yenne, devient fort étroite au pied du fort de Pierre-Châtel ; et le lit du fleuve n'a pas alors plus de 100 mètres de largeur ; mais il a une profondeur considérable.

C'est à cet endroit que l'on a découvert le Chêne Géant dont nous nous occupons ici.

LA DÉCOUVERTE

C'était en 1874.

Après de grosses eaux, le niveau du Rhône était devenu très bas ; un marinier demeurant non loin de là aperçut une énorme branche sortant un peu de l'eau. Après quelques sondages, il acquit bientôt la certitude que cette branche appartenait à un arbre d'une grosseur et d'une longueur extraordinaires.

Le niveau du Rhône étant excessivement variable, il était difficile d'entreprendre des travaux, toujours très coûteux et dont l'utilité n'était pas parfaitement démontrée.

Néanmoins, l'arbre fut observé pendant dix ans par divers habitants, qui attendaient un moment favorable, c'est-à-dire un abaissement exceptionnel des eaux du Rhône.

Le fait se produisit en 1883, au mois de septembre, à la suite de l'éboulement de la montagne de Lilude près de Bellegarde (Ain). Cet éboulement, on s'en souvient, emporta le tunnel de Colonge, sur la ligne de Lyon à Genève.

C'est à cette époque qu'un groupe de paysans, avec le concours d'agents des ponts et chaussées, et celui du curé de la Balme, commencèrent les travaux pour retirer du Rhône ce **colosse** qui gênait la navigation et barrait, pour ainsi dire, le fleuve, très resserré sur ce point.

Pour accomplir ce travail on ne disposait pas d'appareils puissants, mais seulement d'outils sans grande force et de cabestans assez grossiers ; le tout long et difficile à manier. Aussi vingt fois les cordes cassèrent-elles, ainsi que les cabestans.

Pendant cinq mois, et lorsque les eaux le permettaient, 150 hommes travaillèrent à retirer du fleuve ce **colosse**, dont le pied était recouvert par plus de seize mètres de terre, sable ou gravier.

Enfin, le 25 mars 1884, aux applaudissements de la population accourue, on vit sortir des flots et rouler sur la rive **un chêne colossal**.

Quel aspect grandiose !

L'imagination peut à peine se représenter ce que devait être un tel **arbre** avant les ravages du temps.

Une seule branche lui restait vers le sommet ; elle était aussi grosse que les plus gros chênes de nos forêts et avait 23 mètres de longueur.

Celles qui étaient situées plus bas, et dont il est facile de reconnaître la place, devaient être d'une énorme grosseur.

Quel feuillage gigantesque devait porter un tel **arbre** !

Représentons-nous des centaines, des milliers de chênes

semblables, dressant vers le ciel leurs cimes et nous aurons une idée réelle de ce qu'étaient les forêts à l'époque tertiaire et au commencement des temps quaternaires.

SON ORIGINE

Cet arbre présente tous les caractères du chêne à grappe, dit le gravelin, le véritable *Quercus* des anciens : c'est celui qui offre le plus de qualités; c'est aussi celui qui a le plus d'aubier.

On peut juger d'après cela de quelle grosseur devait être ce **chêne**, qui, ayant perdu son écorce et son volumineux aubier, n'a pas moins encore à sa base, de **9 mètres de circonférence**.

Ce fait seul suffirait pour affirmer qu'il est **préhistorique** : car même le *Quercus* que vénéraient les druides, était loin d'avoir de telles dimensions.

Quel malheur qu'il ne puisse parler comme les arbres des forêts enchantées du Tasse! Il nous montrerait, ce vieux chêne, les roseaux de cent pieds que protégea son ombre et les orages terribles que brava son front.

Quel cataclysme renversa ce colosse encore plein de sève et le jeta dans le lit du Rhône !

On ne le peut savoir. Toujours est-il qu'il se trouva pris entre les couches granitiques qui forment, en cet endroit, le lit du Rhône et l'eau même de ce fleuve ; et c'est pourquoi ce **chêne** ne s'est presque pas carbonisé.

En effet, Buffon qui a fait de nombreuses expériences sur le chêne, nous a démontré que, placé dans l'eau pendant des milliers d'années, le chêne devient noir et dur comme l'ébène, mais ne se carbonise pas, ou du moins peu.

C'est bien là le caractère que présente cet **arbre**.

Quelques morceaux coupés à la branche détachée du tronc, permettent de montrer combien le bois, quoique noir, est parfaitement conservé.

On en ferait un mobilier splendide et d'un prix inappréciable, si ce n'était un acte de vandalisme que de détruire un tel chef-d'œuvre de la nature.

SA DESCRIPTION

Ses dimensions sont vraiment colossales :

Longueur..............	31 mètres 60
Circonférence	9 »
Cube...............	35 »
Poids...............	55.000 kilogr.

Ajoutons qu'il lui manque la cime, qui, évaluée à 20 ou 25 mètres au moins, porterait la hauteur totale de l'arbre à 60 mètres environ ; d'ailleurs, à cause de la régularité et de la longueur du tronc, on peut croire qu'il a été renversé en pleine végétation.

Il eût été capable d'abriter la colonne de Juillet sous son épais feuillage !...

Il n'existe nulle part un chêne ayant ces dimensions. En effet, le chêne le plus haut que l'on connaisse est le *Quercus-Primus*, ou chêne châtaignier, qui croît dans la Caroline et qui atteint quelquefois vingt-huit mètres ; mais il est loin d'avoir la grosseur et la qualité de celui-ci.

Le chêne antédiluvien est parfaitement droit et, fait remarquable, il était cependant très branchu : à 27 mètres de hauteur, il a encore plus de 3 mètres de circonférence.

Les opinions les plus diverses ont été émises pour expliquer là sa présence. Les uns disent que l'arbre, qui avait dû vivre plus en amont, avait été transporté par les eaux de la Suisse ; d'autres pensent qu'à la place du lit actuel du Rhône existait autrefois une forêt immense et que, par suite d'un cataclysme, le fleuve, changeant brusquement son cours ordinaire, était venu renverser la forêt, la recouvrant de ses alluvions, l'engloutissant pour ainsi dire.

Une autre version, partagée par le plus grand nombre, veut que cet arbre ait vécu sur les bords du grand lac qui s'étendait alors jusqu'au Bourget et venait mourir aux premières rampes de Valromay. Une inondation subite aurait submergé le **chêne géant** et la forêt entière dont il faisait partie.

Un seul fait demeure incontestable, c'est que ce **géant est antédiluvien**. Ses proportions, la qualité de son bois le prouvent surabondamment ; il constitue un spécimen absolument unique, d'une végétation disparue depuis des milliers d'année.

M. Hersent, le grand entrepreneur Français, disait lors de la visite qu'il fit au **chêne géant**, que les arbres analogues qu'il avait rencontrés en exécutant les travaux entrepris pour la rectification du cours du Danube, près Vienne, ne pouvait être comparés à ce **colosse**, qui est certainement extraordinaire soit comme dimensions, soit comme beauté.

Lorsque le **chêne antédiluvien** fut sorti de l'eau, on voulut se rendre compte de son poids. A cet effet, on coupa au sommet une branche, et, après l'avoir pesée et cubée il fut facile de déterminer le poids de l'arbre.

On trouva alors qu'il pesait **cinquante-cinq mille kilog.!!!**

Quelques personnes ont fait remarquer avec juste raison, que le cube n'était pas en rapport avec le poids ci-dessus, et que les meilleurs bois de chêne pesaient 1.200 kilog. au mètre cube ; ces personnes oublient que le bois pétrifié ou carbonisé augmente de poids d'une façon considérable, sans augmenter de volume.

C'est le cas du **chêne géant antédiluvien** qui, quoique très bien conservé, n'en a pas moins un commencement de carbonisation, de pétrification ou de silification.

Or, le chêne qui pèse le plus est le chêne mâle des environs de Bordeaux, dont le poids n'est que de soixante-quatorze livres par pied cube.

Partout où il a passé, le **chêne géant** a soulevé les discussions les plus passionnées du monde savant et suscité la curiosité des foules.

Le 11 juillet 1884, on lisait dans un journal de Lyon :

« **L'arbre géant antédiluvien**, qui a été découvert dans le *Rhône* au pied du fort de Pierre-Châtel, vient d'arriver à Lyon dans un bateau aménagé à cet effet, et qui est amarré, quai de Retz, près du pont Lafayette.

« M. Maurin, expert cubeur de la ville, a mesuré **l'arbre** qui a 31 m. 60 c. de longueur et cube 35 mètres, sans l'écorce et l'aubier qui ont été complètement détruits par le temps. Le poids de ce **colosse** est approximativement de 55.000 kil.

« L'arbre qu'on n'a pas entamé, comme bien on pense, est dans un parfait état de conservation. On en ferait, nous a dit M. Maurin, lorsqu'il sera entièrement sec, des meubles de toute beauté. Le bois est dur et très noir. »

D'un autre côté, le *Lyon Républicain* publiait, avant même l'arrivée de **l'arbre** à Lyon, l'article suivant :

« Notre correspondant d'Yenne nous écrit : **L'arbre géant antédiluvien**, dont vous avez annoncé la découverte dans le lit du Rhône, a été sorti du fleuve et amené à grand frais sur la berge.

« Nul doute que tous vos compatriotes voudront voir ce **géant** des forêts préhistoriques dont la longueur est de 31 mètres 60 et qui cube 35 mètres.

« J'ai obtenu l'autorisation de couper deux morceaux de cet **arbre**, pour vous les adresser : l'un à la base et l'autre au sommet.

« Vous pourrez les exposer dans votre salle de dépêches. Vos lecteurs et les amateurs pourront voir l'état de conservation parfaite dans lequel il se trouve.

« A la base il a la teinte du bois d'ébène ; au sommet sa teinte est moins foncée, *mais d'une dureté* extraordinaire. »

Vers la même date, un journal de Lyon publiait l'article suivant :

LA MASSUE DE GARGANTUA

> « Cet arbre me servira de bourdon et de lance. »
>
> (GARGANTUA, livre I, chap. XXXVI).

« Le fameux **chêne géant**, retiré du Rhône au pied du fort de Pierre-Châtel (Ain), quittera notre ville à la fin de ce mois, son heureux possesseur devant à cette époque l'emmener à Paris. Ceux qui n'ont pas encore visité cette merveille feront donc bien de se hâter, car il est rarement donné à l'homme de contempler un arbre de proportions si gigantesques et si curieux à tous les points de vue.

« Ce **colosse**, en effet, ne mesure pas moins de 31 mètres 60 de longueur, et l'on peut estimer à 20 mètres au minimum la partie de flèche qui lui manque.

« Tel qu'il est aujourd'hui, son volume est de 35 mètres cubes, et son poids de 55.000 kilogr. A son pied, il a 9 mètres de circonférence.

« Que sont, auprès de ce **géant**, les chênes de Hongrie, qui n'ont que 17 à 18 mètres au-dessus du sol, et sont cependant réputés comme étant les plus grands de l'Europe ? Peut-on même lui comparer le célèbre *Pharaon*, le plus vieux et le plus grand chêne de la forêt de Fontainebleau ?

« Mais, s'il était possible de reconstituer notre **chêne phénomène** avec sa ramure, il dépasserait certainement de moitié le *Pharaon*, si grandiose qu'il paraisse.

« D'aucuns prétendent que ce **chêne** n'est autre que l'Arbre de Saint-Martin dont se servait Gargantua pour démolir le chasteau de Vide :

« *Alors choqua de son grand arbre contre le « Chasteau »* *et à grands coups abattit et tours et forteresses, et ruina tout* *par « terre ». Par ce moyen furent tous rompus et mis en* *pièces, ceux qui estoient « en iceluy ».*

« Et qu'il l'avait jeté comme inutile après cette victoire. — Le hasard l'aurait fait tomber dans le Rhône, où il est resté jusqu'au 25 mars 1884.

« Sans vouloir ici préciser son âge, il est hors de doute qu'il est d'une époque très ancienne, où la végétation était plus exubérante qu'aujourd'hui : car, outre ses proportions gigantesques, sa densité est supérieure d'un tiers à celle de nos chênes actuels ; son bois est noir et très dur ; il s'est admirablement conservé dans l'eau ; seuls l'écorce et l'aubier ont disparu.

« Pour l'emmener à Paris, que de difficultés encore à vaincre ? Il faut faire un nouveau bateau de deux mètres et demi moins large que le premier, et procéder au transbordement, opération délicate et périlleuse. »

EXTRAIT DU BULLETIN TRIMESTRIEL

DE LA

SOCIÉTÉ DE BOTANIQUE DE LYON

Séances des 24 Février et 10 Mars 1885

Séance du 24 Février

M. Guignard présente les considérations suivantes sur le *Chêne de la Balme :*

La plupart des membres de la Société ont certainement rendu visite au Chêne gigantesque qui a été récemment apporté dans notre ville et qu'on a retiré du lit du Rhône à la Balme (Savoie), en face du fort de Pierre-Châtel. Sans parler des dimensions exceptionnelles qui en constituent le principal intérêt pour les curieux, et bien qu'en l'absence des branches et du feuillage, on ne puisse avoir qu'une idée insuffisante de son antique majesté, il m'a paru, à d'autres points de vue, mériter quelque attention.

Ce qui frappe, au premier abord, c'est moins sa taille extraordinaire que la beauté et la régularité du tronc, dont le diamètre est presque uniforme sur une grande longueur jusqu'à la naissance des premières branches. Il est à croire qu'il a dû trouver un sol très favorable à son développement. Les racines, dont la base est conservée, offraient une disposition très régulière ; leur nombre même concorde avec celui qu'on trouve normalement dans un tout jeune chêne.

Vers le sommet, au-dessus de l'intersection des premières ramifications, on remarque des trous qui pénètrent obliquement dans le bois, et se dirigent vers le sommet de l'arbre. Leur diamètre est d'environ dix centimètres, leur profondeur de quinze à vingt. Les parois en sont lisses, le fond concave et la forme cylindrique.

Quelle est l'origine de ces cavités qui apparaissent au premier aspect comme le résultat d'une action mécanique ?

Il faut faire observer, tout d'abord, que l'arbre était couché dans le sens du courant du fleuve, la base en amont et le sommet en aval. Ce dernier était plongé dans le sable et sans doute a dû être tantôt recouvert par lui, tantôt directement baigné par l'eau, suivant les circonstances.

Or, la cause qui a donné lieu aux cavités du Chêne de la Balme me semble être de même nature que celle qui produit ce que les géologues appellent *marmites de géants*. On sait que ces dernières sont creusées soit au pied des falaises soit dans le lit des torrents où leur formation est même plus facile, car la composante verticale est plus puissante pour les eaux torrentielles que pour les vagues, et les tourbillonnements ont beaucoup plus de chances de s'y produire. Leur origine est soit une fente, soit une dépression où les cailloux ou galets viennent se loger ; chaque retour de la vague imprime à ces galets un tourbillonnement à la faveur duquel ils agrandissent la cavité en polissant ses parois. On conçoit que les eaux d'un fleuve tel que le Rhône puissent produire des effets analogues. De là ces tubes cylindriques qui atteignent parfois plusieurs mètres de profondeur, notamment sur les côtes de la Scandinavie, sur les parois des gorges ou des vallées torrentielles de l'Inde, de l'Amérique, de la Suisse, et même dans le lit du Rhône. Souvent leurs parois portent des rainures en spirales grossières, attestant la nature du travail qui les a causées ; souvent aussi, le fond de la cavité offre au milieu une saillie entourée d'une dépression annulaire creusée par le galet dans son mouvement giratoire.

Une action du même ordre peut être invoquée, à mon avis, pour expliquer la présence des cavités superficielles du chêne dont il s'agit. On ne peut faire intervenir aucune autre cause, et il est facile de concevoir, sans plus amples explications, comment les choses ont dû se passer. On est conduit par là même à supposer qu'il a fallu pour leur formation un espace de temps assez long, moins éloigné peut-être qu'on ne pourrait le croire au premier abord de celui qui eût été nécessaire pour creuser pareillement une roche calcaire, en raison de la dureté acquise par le cœur de l'arbre, qui seul a été conservé, l'aubier et l'écorce ayant complètement disparu.

Quant au nombre d'années que l'arbre a passé sous l'eau, il me semble impossible de l'apprécier.

Les botanistes et les forestiers ont reconnu que, dans la plupart des chênes, l'accroissement du diamètre varie notablement suivant que l'on considère les soixante premières années où celles qui s'écoulent à partir de cet âge. C'est ainsi que de Candolle a constaté que l'épaississement du chêne, dans la première période, est tout à la fois plus rapide et plus irrégulier que dans les années suivantes. A partir de la soixantième année environ, il devient sensiblement uniforme et égal pour chaque année. Mais il y a aussi, d'un arbre à l'autre, pour un même laps de temps, des différences énormes dans l'épaississement, et, par suite, dans l'accroissement en circonférence. Les trois exemples suivants suffiront à en donner la preuve. Ils sont empruntés à trois chênes abattus, le premier près d'Annecy, les deux autres dans la forêt de Fontainebleau.

	Circonférence à					
Chênes de	50 ans	100 ans	150 ans	200 ans	250 ans	300 ans
130 ans (Annecy) ...	1^m96	3^m42	4^m40			
210 ans (Fontainebleau)...	0^m52	0^m90	1^m21	1^m51		
333 ans id ...	1^m06	1^m37	1^m67	1^m96	2^m27	2^m52

On voit par là à quelles erreurs on s'exposerait si l'on voulait juger de l'âge d'un chêne, par sa seule grosseur. Celui d'Annecy avait, à 50 ans, la même circonférence que le second des chênes de Fontainebleau à 200 ans. Le premier avait poussé dans un sol fertile et convenablement arrosé, les deux autres dans un terrain pierreux.

En examinant une entaille pratiquée sur le tronc du Chêne de la Balme à quelques mètres de la base, j'ai constaté que l'épaisseur moyenne des couches annuelles superficielles, au nombre de 22 sur la section, était de 0^m0027. D'autre part, en tenant compte de l'écorce et de l'aubier qui ont disparu, on peut assigner à l'arbre une circonférence d'environ 15 mètres à la base. Or, en supposant que l'épaississement ait été le même dans le jeune âge que dans les dernières années, ce chêne aurait vécu un peu moins de 450 ans. Mais on a vu que l'accroissement est beaucoup plus marqué dans la première soixantaine; de sorte qu'on se rapprocherait certainement beaucoup plus de la vérité en portant son âge réel à 400 ans.

Séance du 10 Mars 1885

M. GUIGNARD présente les considérations suivantes sur *l'étude histotaxique de quelques espèces de Chênes*.

Dans une communication antérieure, j'ai exposé à la Société quelques observations concernant le chêne de la Balme. Je désire encore attirer son attention sur un point qui se rapporte au même sujet. Peut-on, en se fondant sur l'anatomie, reconnaître à quelle espèce ce Chêne appartient ? On conçoit sans peine qu'il s'agit ici d'une question plus générale et dont il est inutile de faire ressortir l'importance pour la paléontologie.

Des recherches anatomiques ont été publiées par divers auteurs sur le genre *Quercus*. On a décrit dans un travail récent la structure du bois d'un grand nombre d'espèces de l'Ancien et du Nouveau-Monde. Mais bien que les différences signalées d'espèce à espèce paraissent, dans la plupart des cas, suffisantes pour permettre de rapporter un fragment du bois de la tige à une espèce déterminée, il arrive aussi que la chose est parfois difficile, ce qui ne saurait étonner. On a même pu se demander si l'anatomie était un guide sérieux dans la plupart des questions de cette nature.

En ce qui concerne les chênes, les classificateurs sont loin d'être d'accord sur la valeur des formes présentées par le genre *Quercus*. Dans son étude sur l'espèce, à l'occasion de la révision du groupe de Cupulifères, de Candolle est conduit à rapporter au *Q. robur* vingt-huit variétés. Pour lui les deux espèces admises par beaucoup d'auteurs, le *Q. pedunculata* et le *Q. cessiliflora*, ne feraient elles-mêmes que deux races fixées depuis des siècles. La première comprendrait à elle seule vingt-une variétés ; il y aurait, en outre, entre ces deux soi-disant espèces, des formes intermédiaires, dont l'origine peut-être trouvée dans une hybridation entre le *Q. pedunculata* et le *Q. cessiliflora*. Mais c'est là un point difficile à éclaircir, lorsqu'il s'agit d'arbres d'une croissance lente et dont on fait rarement des semis. De Candolle arrive en somme à la conception de l'unité spécifique de notre chêne, comme admise d'abord par Linné, puis par d'autres botanistes, parmi lesquels Webb et Gay.

On peut donc se demander, quand on voit les caractères extérieurs sujets à varier et, par suite, la distinction des espèces fort difficile à établir, si les caractères anatomiques ne seront pas encore insuffisants pour la solution du problème.

Il n'est pas possible de répondre à cette question dans l'état actuel de nos connaissances : mais il ne faut pourtant pas oublier que l'étude anatomique a révélé plus d'une fois des relations imprévues entre des groupes jusque-là plus ou moins éloignés les uns des autres, au gré des classificateurs. D'autre part, il est moins certain que les caractères anatomiques ne concordent pas rigoureusement, d'une façou générale, avec les caractères floraux ; cependant, quand il s'agit de la distinction des espèces voisines, ils rendent souvent de grands services. C'est à ce dernier point de vue que j'ai cru devoir examiner quelques unes des espèces de chênes de nos pays qui se rapprochent le plus les unes des autres.

J'ai étudié la structure anatomique des *Q. pedunculata*, *Q. cessiliflora*, *Q. Cerris*, *Q. Toza*, autant que possible dans des conditions d'âge comparables ; mais il reste forcément une cause d'incertitude sur la valeur des résultats, provenant des influences de milieu qui retentissent nécessairement sur la constitution des individus d'une même espèce ou variété ; je ne crois pourtant pas qu'elle soit suffisante, dans le cas actuel, pour infirmer mes conclusions.

Et d'abord, quels sont les éléments qui doivent fournir les caractères comparables ?

Quand on observe une section transversale de tige, on remarque en premier lieu, même à l'œil nu, de grand rayons médullaires qui se montrent formés, à un faible grossissement, de plusieurs files de cellules allongées dans le sens radial. Ces rayons traversent les couches annuelles ; ils sont d'autant plus nombreux à partir du centre médullaire qu'on examine une couche plus récente : car il s'en forme chaque année de nouveaux, dans l'espace situé entre les anciens qui se continuent pendant que les autres apparaissent. Dans une même couche annuelle, ces rayons séparent des compartiments occupés par les vaisseaux, les fibres et les cellules de parenchyme ligneux. On sait que les vaisseaux sont d'autant plus grands et plus nombreux qu'ils sont formés à une époque de l'année moins avancée ; de là, la distinction très nette, même à l'œil nu, entre le bord interne de la couche annuelle ou bois de printemps et les éléments formés plus tard. A un grossissement même assez faible, on distingue, en outre, dans chaque compartiment, de nombreux petits rayons médullaires, égal ⊙

ment distants les uns des autres et parallèles, formés d'une seule fibre cellulaire et contournant les grands vaisseaux du bord interne de la couche annuelle, pour aller tous de là jusqu'au bord externe.

Sans insister plus en détail sur chacun des éléments considérés en particulier, il me suffira de dire que les caractères différentiels doivent être cherchés dans l'épaisseur et le nombre, c'est-à-dire l'écartement horizontal des grands rayons médullaires ; dans la grosseur et surtout la disposition des vaisseaux, soit du printemps, soit de l'arrière-saison ; enfin, dans le nombre relatif des cellules et des fibres ligneuses.

1. Dans le *Q. Toza*, les grands rayons médullaires présentent un écartement assez inégal, qui varie de 0ᵐ0015 à 0ᵐ0003 ; leur épaisseur moyenne est de 0ᵐ0003. Dans la partie interne de chaque couche annuelle, les grands vaisseaux du printemps sont disposés en 4 ou 5 assises, et leur diamètre diminue progressivement avec l'âge. A partir de ces assises ou zones, les vaisseaux devenus de plus en plus étroits forment des sortes de queues, la plupart rectilignes, s'étendant jusqu'au bord externe de la couche annuelle. Le nombre de ces queues vasculaires simples est en moyenne de trois dans chaque compartiment. Entre elles sont les fibres ligneuses entremêlées d'un grand nombre de cellules ligneuses isolées, qui, a un faible grossissement, font paraître le bois poreux.

2. Dans le *Q. Cerris*, les grands rayons médullaires ont une épaisseur qui atteint pour la plupart 0ᵐ0005 ; leur écartement moyen est de 0ᵐ001. Les vaisseaux du printemps sont disposés, dans chaque compartiment, en un triangle dont un sommet se continue par une queue vasculaire unisériée et rectiligne jusqu'au bord externe de la couche annuelle. Plus rarement, il y a deux queues vasculaires dans un compartiment.

3. Dans le *Q. cessiliflora*, les grands rayons médullaires ont une épaisseur semblable à ceux du précédent ; leur écartement moyen est de 0ᵐ002. Les vaisseaux du printemps sont un peu plus petits que dans les deux espèces dont il vient d'être question ; ils sont disposés généralement en deux assises ou zones ; les queues vasculaires qui en partent sont rectilignes, au nombre de deux le plus souvent dans chaque compartiment. Les fibres ligneuses, très épaisses, forment presque tout le reste du bois ; les cellules ligneuses, peu nombreuses, tendent à se disposer de place en place, en rangées tangentielles courtes et ondulées.

4. Dans le *Q. pedunculata*, les grands rayons médullaires, épais de 0^m0003 en moyenne, se font remarquer par un grand écartement horizontal, qui varie de 0^m003 à 0^m009. Les grands vaisseaux du printemps forment une ou deux zones, d'où partent des queues d'abord simples, mais qui se bifurquent vers le milieu de la couche annuelle, de manière à former un Y dont les deux jambes comprennent chacune plusieurs séries adjacentes de vaisseaux et arrivent jusqu'au bord externe de cette couche. Parfois, les vaisseaux devenant très nombreux, les deux jambes s'élargissent, ne restent bientôt plus distinctes et s'accolent en formant ensemble un éventail. Par suite, la disposition des vaisseaux est très caractéristique. Les fibres ligneuses fortement épaissies, comme dans l'espèce précédente, laisse peu de place aux cellules ligneuses qui forment de distance en distance des rangées tangentielles, ondulées, interposées entre les queues vasculaires et séparant les fibres ligneuses en ilots plus ou moins distincts.

L'examen d'échantillons de provenance variable, étiquetés *Q. Robur*, m'a montré que ceux de la collection du Parc de la Tête d'Or et de la Faculté se rapportent au *Q. pedunculata*. Enfin, à en juger par les préparations que j'ai pu faire sur des fragments insuffisants de tronc, c'est également à ce dernier qu'il faudrait rapporter le Chêne de la Balme.

LE DRYOPHORE

(Porteur de Chêne)

Tel est le nom du splendide Bateau-Palais, sur lequel le **chêne géant antédiluvien** a déjà visité quantité de grandes villes et dans les flancs duquel il fera le tour du monde.

Ce n'était pas chose facile que de faire voyager ce **colosse** en toute sécurité. Il fallait construire un bateau qui pût passer dans tous les canaux européens, quelquefois très étroits, et de plus sous tous les ponts desservant les routes et qui ne laissent parfois qu'un espace très restreint entre leur clef de voûte et le niveau de l'eau.

Toutes ces difficultés ont été vaincues par MM. Debiaune, Gabert et Page, constructeurs Lyonnais ; ils ont construit un bateau qui, à lui seul, mérite une étude attentive.

Ce bateau, tout en fer, a 38 mètres 50 de longueur sur 5 mètres 5 de largeur. Il est surmonté d'une construction en fer ouvragé et peut passer partout, même naviguer en haute mer.

Grâce à un mécanisme spécial très ingénieux (de la Maison Gabert de Lyon), la partie supérieure du **Dryophore** peut s'abaisser à volonté, de telle sorte qu'à un moment donné, la hauteur du bateau peut être réduite de 1 m. 70, ce qui lui permet de passer sous les ponts les plus bas.

Un homme seul suffit à la manœuvre.

L'arbre, qui occupe le milieu du bateau, repose sur de puissants coussinets ; il peut être admiré dans tout son ensemble et sur toutes ses faces ; un passage d'environ 2 m. de largeur permet au public de circuler librement autour du **Géant**.

Ce bateau, luxueusement aménagé, a fait l'admiration de toutes les personnes qui l'ont vu.

La Presse et les Corps Savants

Les principaux organes de la presse parisienne et européenne ont fait au **chêne antédiluvien** l'accueil le plus flatteur.

Beaucoup de journaux ont publié des articles sur ce colosse. Malheureusement le cadre restreint de cette brochure ne nous permet pas de reproduire les articles et les procès-verbaux des sociétés savantes.

Nous devons nous borner à citer parmi les journaux les plus importants qui ont consacré des études au chêne géant, — à Paris : Le *Temps*, le *Figaro*, le *Petit Journal*, la *France*, le *Gaulois*, le *Paris*, la *Liberté*, la *Lanterne*, le *Soir*, le *Télégraphe*, le *Gil Blas*, l'*Autorité*, le *Mot d'Ordre*, l'*Echo de Paris*, le *Petit Caporal*, les *Nouvelles de Paris* ;

A Lyon : L'*Express de Lyon*, le *Lyon Républicain*, le *Nouvelliste*, le *Progrès* ;

A Marseille : Le *Petit Marseillais*, le *Petit Provençal*, le *Soleil du Midi*, le *Radical* ;

En Belgique : L'*Indépendance Belge*, la *Chronique*, l'*Etoile Belge*, etc., etc.; en Italie : la *Tribuna*, l'*Italie*, *Il Secolo* ; en Allemagne : La *Allgemeine Deutche Zeitung*, *Kolnische Zeitung* et le *Berliner Tagblatt*.

Nos plus illustres savants continuent à faire des études approfondies sur ce spécimen unique du règne végétal préhistorique, qui a passionné et passionne encore le monde scientifique.

Le Chêne Géant Antédiluvien

SONNET

Arbre prodigieux, à l'Olympe ravi !
Quel être t'arracha dans les forêts sacrées,
Et vint t'emprisonner en nos pauvres contrées,
Sans que ce ravisseur des dieux fût poursuivi !

Ton chef ne fut jamais par Éole asservi ;
Tes rameaux, dérobant les plaines azurées,
Étendirent au loin leurs ombres vénérées ;
Tes racines, bien sûr, le Tartare les vit...

La foudre n'aurait pu te frapper qu'à la base...
Géant, quoique réduit, tu nous donnes l'extase...
L'homme, qu'était-il donc ? Quels nids abritais-tu ?

Quels êtres ont cherché ton ombre salutaire ?
Quel cataclysme t'a dans sa rage abattu ?
Hélas ! tu nous réponds par un seul mot : Mystère !

Jean SARRAZIN.

www.ingramcontent.com/pod-product-compliance
Lightning Source LLC
LaVergne TN
LVHW051136060726
842526LV00006B/2080